河南省工程建设标准

居住区建筑智能化系统设计标准

Standards for design of building intelligent system of residential districts

DBJ41/T142—2014

主编单位:河南丹枫科技有限公司
　　　　　河南省智能建筑协会
批准单位:河南省住房和城乡建设厅
施行日期:2014 年 10 月 1 日

黄河水利出版社
2014　郑 州

图书在版编目(CIP)数据

居住区建筑智能化系统设计标准/河南丹枫科技有限公司主编. —郑州:黄河水利出版社,2014.9

ISBN 978-7-5509-0923-6

Ⅰ.①居… Ⅱ.①河… Ⅲ.①智能化建筑-自动化系统-设计标准 Ⅳ.①TU855-65

中国版本图书馆 CIP 数据核字(2014)第 216396 号

策划编辑:王文科 电话:0371-66025273 E-mail:15936285975@163.com

出 版 社:黄河水利出版社

地址:河南省郑州市顺河路黄委会综合楼 14 层 邮政编码:450003

发行单位:黄河水利出版社

发行部电话:0371-66026940、66020550、66028024、66022620(传真)

E-mail:hhslcbs@126.com

承印单位:河南地质彩色印刷厂

开本:850 mm×1 168 mm 1/32

印张:2.125

字数:53 千字 印数:1—4 000

版次:2014 年 9 月第 1 版 印次:2014 年 9 月第 1 次印刷

定价:26.00 元

河南省住房和城乡建设厅文件

豫建设标〔2014〕51 号

河南省住房和城乡建设厅关于发布河南省工程建设标准《居住区建筑智能化系统设计标准》的通知

各省辖市、省直管县(市)住房和城乡建设局(委),各有关单位:

由河南丹枫科技有限公司、河南省智能建筑协会主编的《居住区建筑智能化系统设计标准》已通过评审,现批准为我省工程建设地方标准,编号为 DBJ41/T142—2014,自 2014 年 10 月 1 日在我省施行。

此标准由河南省住房和城乡建设厅负责管理,技术解释由河南丹枫科技有限公司、河南省智能建筑协会负责。

河南省住房和城乡建设厅

2014 年 8 月 20 日

前　言

根据《河南省住房和城乡建设厅关于印发2013年度河南省工程建设标准制订修订计划的通知》(豫建设标〔2013〕29号)的要求,编制组经过广泛调研,认真总结实践经验,结合我省居住区建筑智能化系统建设的实际情况,参考国家和行业相关标准,并在广泛征求意见的基础上制定本标准。

本标准符合国家居住区智能化系统建设的行业标准要求,规范了我省居住区建筑智能化系统的具体实施,对于居住区的节能、生态与环保有着重要意义。

本标准共分10章,主要内容有:总则;术语;基本规定;信息设施系统;信息化应用系统;建筑设备管理系统;公共安全系统;智能化集成系统;机房工程;电源、防雷与接地。

本标准所引用的规范、标准,均为最新(现行)版本。

本标准由主编单位负责解释。

在本标准执行过程中,请各单位注意总结经验,积累资料,随时将有关意见和建议反馈给河南丹枫科技有限公司(地址:郑州市经三路32号3号楼22层,邮政编码:450008),以供今后修订时参考。

本标准主编单位:河南丹枫科技有限公司
　　　　　　　　河南省智能建筑协会

本标准参编单位:河南省公安厅
　　　　　　　　郑州大学
　　　　　　　　河南天瑞检测咨询有限公司
　　　　　　　　河南省纺织建筑设计研究院有限公司
　　　　　　　　万达商业管理有限公司

万达商业规划研究院有限公司

本标准主要起草人:马正祥　王弘成　余新康　严玉萍
王世虎　杨晓俊　史志杰　过　萍
宋旭红　张小勇　方　艳　霍效允
洪　波　张　焱　马瑞红　李武星
谷　强　裴　烨　焦艳萍　岳建宏
栗海玉　刘志伟　孙　楹　乔瑞林
张　冰　祝静思　凌理华　马志伟
许圣斌　秦　涛　赵　阳　白彦坤
李志刚　刘辰帅　赵　灵　周春梅
方长生　何　俊　莫金宝　肖同杰
李　君　程荣初　孟延波　张　伟
孙海波　王丽敏　梁奇胜　孔祥其
刘　玲

本标准主要审查人:施俊良　高广义　段玉荣　张传武
马智勇　王自立　刘铁铭　冯冬青

目　次

1　总则 …………………………………………………… 1
2　术语 …………………………………………………… 2
3　基本规定 ……………………………………………… 4
4　信息设施系统 ………………………………………… 5
　4.1　一般规定 ………………………………………… 5
　4.2　通信接入系统 …………………………………… 5
　4.3　电话交换系统 …………………………………… 6
　4.4　计算机网络系统 ………………………………… 6
　4.5　综合布线系统 …………………………………… 7
　4.6　室内移动通信覆盖系统………………………… 10
　4.7　无线对讲系统…………………………………… 11
　4.8　有线电视系统…………………………………… 11
　4.9　广播系统………………………………………… 11
　4.10　信息导引及发布系统 ………………………… 12
　4.11　智能化室外管网系统 ………………………… 13
5　信息化应用系统……………………………………… 16
　5.1　一般规定………………………………………… 16
　5.2　物业运营管理系统……………………………… 16
　5.3　信息服务系统…………………………………… 16
　5.4　智能卡应用系统………………………………… 17
　5.5　信息网络安全管理系统………………………… 17
6　建筑设备管理系统…………………………………… 18
　6.1　一般规定………………………………………… 18
　6.2　建筑设备监控系统……………………………… 18

6.3 能耗计量及数据远传系统…………………………………… 19
7 公共安全系统……………………………………………………… 20
7.1 一般规定………………………………………………………… 20
7.2 火灾自动报警系统……………………………………………… 20
7.3 安全技术防范系统……………………………………………… 21
7.4 应急联动系统…………………………………………………… 25
8 智能化集成系统…………………………………………………… 27
8.1 一般规定………………………………………………………… 27
8.2 集成平台………………………………………………………… 27
8.3 集成接口………………………………………………………… 27
8.4 运行环境………………………………………………………… 28
9 机房工程…………………………………………………………… 29
9.1 一般规定………………………………………………………… 29
9.2 控制室…………………………………………………………… 30
9.3 弱电间及弱电竖井……………………………………………… 31
9.4 电信间…………………………………………………………… 32
10 电源、防雷与接地………………………………………………… 33
10.1 一般规定 ……………………………………………………… 33
10.2 智能化系统电源 ……………………………………………… 33
10.3 智能化系统防雷与接地 ……………………………………… 34
本标准用词说明 ……………………………………………………… 36
条文说明 ……………………………………………………………… 37

1 总　　则

1.0.1　为了规范河南省内居住区建筑智能化工程的设计，提高建筑智能化工程设计质量，促进技术进步，获得良好的社会效益、经济效益和环境效益，制定本标准。

1.0.2　本标准适用于新建、改建、扩建的居住区智能化系统的建设，已建的居住区进行智能化系统的建设时仅作为参考。

1.0.3　居住区建筑智能化系统设计，应全面贯彻执行国家的节能环保政策，做到安全可靠、经济合理、技术先进、整体美观、维护管理方便等。设计所选设备应采用符合国家现行有关标准的高效节能、环保、安全、性能先进的电气产品，严禁使用已被国家淘汰的产品。

1.0.4　居住区建筑智能化系统设计，除应执行本标准外，尚应符合国家现行有关标准、规范的规定。有关防火及可燃气体泄漏等涉及消防、安全问题应遵守国家有关法规和标准、规范的规定。

2 术 语

2.0.1 智能化小区 intelligent community

智能化小区是利用4C(计算机、通信与网络、自控和IC卡),通过有效的传输网络,将多元的信息服务与管理、物业管理与安防、住宅智能化集成,为住宅小区的服务与环境提供高技术的智能化手段,以期实现快捷高效的超值服务与管理,提供安全舒适的居住环境。

2.0.2 信息网络系统 information network system

信息网络系统是应用计算机技术、通信技术、多媒体技术、信息安全技术等先进技术和设备构成的信息网络平台。借助于这一平台实现信息共享、资源共享和信息的传递与处理,并在此基础上开展各种业务。

2.0.3 建筑设备监控系统 building automation system

对建筑物和建筑群的供配电、照明、制冷、热源与热交换、空调、通风、给排水以及电梯等机电设备进行集中监视、控制与管理的综合系统。

2.0.4 公共安全系统 public security system

为维护公共安全,综合运用现代科学技术,以应对危害社会安全的各类突发事件而构建的技术防范系统或保障体系。

2.0.5 家居配线箱 house tele - distributor

住宅套(户)内数据、语音、图像等信息传输线缆的接入及匹配的设备箱。

2.0.6 家居控制器 house controller

住宅套(户)各种数据采集、控制、管理及通信的控制器。

2.0.7 家居管理系统 house management system

将住宅建筑(小区)各个智能化子系统的信息集成在一个网络与软件平台上进行统一的分析和处理,并保存于住宅建筑(小区)管理中心数据库中,实现信息资源共享的综合系统。

2.0.8 智能化集成系统 intelligented integration system

将不同功能的建筑智能化系统,通过统一的信息平台实现集成,以形成具有信息汇集、资源共享及优化管理等综合功能的系统。

2.0.9 机房工程 engineering of electronic equipment plant

为智能化系统的设备和装置等提供安装条件,以确保各系统有安全、稳定、可靠的运行与维护的建筑环境而实施的综合工程。

3 基本规定

3.0.1 居住区建筑智能化系统应包括信息设施系统,信息化应用系统,建筑设备管理系统,公共安全系统,智能化集成系统,机房工程,电源、防雷与接地等设计要素。

3.0.2 居住区建筑智能化系统工程设计,应以提供安全舒适、高效便捷、绿色环保的生活居住环境为目标,以居住区的管理需求及建设投资为依据。

3.0.3 居住区建筑智能化系统工程设计,应考虑系统的质量和安全,并选用符合有关技术标准的定型产品。

3.0.4 居住区建筑智能化系统的功能应满足小区内规范、安全、信息化的要求。

4 信息设施系统

4.1 一般规定

4.1.1 居住区建筑信息设施系统应为建筑物的使用者及管理者创造良好的信息应用环境，应根据需要对建筑物内外的各类信息予以接收、交换、存储、传输、检索和显示等综合处理，并提供符合信息化应用功能所需的各种类信息设备系统组合的设施条件。

4.1.2 信息设施系统宜包括通信接入系统、电话交换系统、计算机网络系统、综合布线系统、室内移动通信覆盖系统、无线对讲系统、有线电视系统、广播系统、信息导引及发布系统、智能化室外管网系统和其他相关的信息通信系统。

4.1.3 住宅建筑应根据管理模式，至少预留三个业务经营商通信、网络设施所需的安装空间。

4.1.4 当电缆从建筑物外面进入建筑物时，应穿钢管保护，并预留足够容量。

4.1.5 住宅建筑的电视插座、电话插座、信息插座的设置数量除应符合本标准外，尚应满足当地主管部门的规定。

4.1.6 居住区建筑信息设施系统设计应符合国家现行标准《智能建筑设计标准》GB/T 50314、《民用建筑电气设计规范》JGJ 16、《住宅建筑电气设计规范》JGJ 242 的规定。

4.2 通信接入系统

4.2.1 通信接入系统应根据用户信息通信业务的需求，将建筑物外部的公用通信网或专用通信网引入建筑物内，保证各类智能化系统的信号通畅，满足语音、数据、图像、电视、视频、控制等信号的接入要求。

4.2.2 居住区通信接入系统可采用通信铜缆、光纤、无线、卫星信号等方式进行传输。

4.2.3 居住区通信接入系统采用铜缆接入方式时应留有足够余量；采用光纤接入方式时应有冗余，不宜少于两根光纤，两根及以上光纤接入时，宜从不同区域进入居住区。

4.2.4 城市公用通信网引入建筑物宜符合下列要求：

1 应选在至城市电信线路地下管道（人孔）距离最近处；

2 引至建筑物内交接配线室的线路敷设应方便、安全；

3 引入智能化系统的所有线路宜一根电缆占用一个管孔，并留有1～2孔以上备用；

4 引入管应向室外有一定坡度；

5 接至电信运营商的电缆宜采用室外光纤或铜缆，铜缆容量应满足工程实际需要，并留有10%～30%的备用量。

4.3 电话交换系统

4.3.1 电话交换系统可选择采用本地通信业务经营者所提供的虚拟交换方式、配置远端模块或设置独立的综合业务数字程控用户交换机系统等方式，满足居住区语音业务需求。

4.4 计算机网络系统

4.4.1 计算机网络系统应根据接入终端规模、网络架构等多种因素综合考虑具体配置，满足用户接入互联网络、信息共享的需求。

4.4.2 计算机网络系统的接入链路应采用千兆位以太网（1000Base－T、1000Base－TX），骨干网络应采用基于光缆的万兆位以太网（10GBase－X）。

4.4.3 网络体系结构应具有适度冗余可靠性保证，核心交换机宜具备虚拟化功能。

4.4.4 网络边缘出口区域，宜部署独立网关设备，开启网络 IP 地址转换功能，如存在多运营商链路情况，应开启多链路负载均衡。

4.4.5 无线局域网应根据无线应用的需求，进行热点区域覆盖，可采用基于无线接入点或基于天线、馈线进行组网部署。

4.4.6 无线组网技术应采用主流技术标准 IEEE802.11n 技术或 IEEE802.11ac 技术。

4.4.7 无线网络室内覆盖应考虑墙体、玻璃、金属门窗等障碍物对信号的隔离，无线信号传输应具有多路径反射、信号传输功率智能调整效果。

4.4.8 无线网络室外覆盖应考虑防雷、防水、防尘等功能。

4.4.9 无线网络架构宜采用无线交换机加简单接入点的集中式管理组网架构，满足无线应用扩展需求。

4.4.10 无线接入点供电应考虑防雷、消防、节能等因素，宜采用 IEEE802.3at 或 IEEE802.3af 技术，利用标准以太网传输电缆同时传送数据和电功率。

4.4.11 根据整网网络规模情况，部署有线无线网络管理平台，实现对整网进行监控维护。

4.5 综合布线系统

4.5.1 综合布线系统宜是开放式星型拓扑结构，应支持语言、数据、图文、图像等多媒体业务的需要。

4.5.2 综合布线系统应与信息化应用系统、公共安全系统、建筑设备管理系统等统筹规划，相互协调，并按照各系统信息的传输要求优化设计。

4.5.3 综合布线系统工程设计选用的电缆、光缆、各种连接线缆、跳线，以及配线设备等所有硬件设施，均应符合《大楼通信综合布线系统》YD/T 926.1 ~ 3 和《数字通信用对绞/星绞对称电缆》

YD/T 838.1～4 的各项规定。

4.5.4 用户总配线架、配线箱(分线箱)设备容量宜按远期用户需求量一次考虑;其配线端子和配线电缆可分期实施,配线电缆的容量可按用户数的 1.2～1.5 倍配置,结合配线电缆对数系列选用,并预留不少于 10% 的维修余量。

4.5.5 用户光缆各段光纤芯数应根据光纤接入的方式、住宅建筑类型、所辖住户数计算。

4.5.6 每套住宅应设置家居配线箱。

4.5.7 家居配线箱应根据住户信息点数量、引入线缆、户内线缆数量、业务需求选用。

4.5.8 家居配线箱箱体尺寸应充分满足各种信息通信设备摆放、配线模块安装、线缆终接与盘留、跳线连接、电源设备及接地端子板安装等需求,同时应适应业务应用的发展。

4.5.9 家居配线箱安装位置宜满足无线信号的覆盖要求。

4.5.10 家居配线箱宜暗装在套内走廊、门厅、起居室等的便于维修维护处,并宜靠近入户导管侧,箱底距地面高度宜为 0.5 m。

4.5.11 距家居配线箱水平 0.15～0.2 m 处,应预留 AC220 V 带保护接地的单相交流电源插座。电源接线盒面板底边宜与家居配线箱体底边平行,且距地面高度应一致。

4.5.12 家居配线箱应根据安装方式、线缆数量、模块容量和应用功能成套配置,并应符合下列规定:

1 结构应符合下列规定:

(1)所有紧固件联结应牢固可靠;

(2)箱门开启角度不应小于 110°;

(3)箱体密封条黏结应平整牢固,门锁的启闭应灵活可靠;

(4)箱体内应有线缆的盘留空间;

(5)箱体内应有不小于 1 m 光缆的放置空间;

(6)箱体宜为光网络单元 ONU、路由器等提供安装空间。

2　功能应符合下列规定：

(1)应有可靠的线缆固定保护装置；

(2)应具备通过跳接实现调度管理的功能；

(3)具有接地装置；

(4)箱体具备固定装置；

(5)箱体应具有良好的抗腐蚀、耐老化性能；

(6)当箱体内需安装家用无线通信设备时，箱体门应选用非金属材质。

3　标识记录应符合下列规定：

(1)箱门内侧应具有完善的标识和记录装置；

(2)记录装置应易于识别、修改和更换。

4.5.13　用户接入点至每一户家居配线箱的光缆数量，应根据地域情况、用户对通信业务的需求及配置等级确定，其配置应符合表4.5.13的规定。

表4.5.13　光缆配置

配置	光纤(芯)	光缆(条)
高配置	2	1
低配置	1	1

4.5.14　在公用电信网络已实现光纤传输的县级及以上城区，新建居住区和住宅建筑的通信设施应采用光纤到户方式建设。

4.5.15　县级以下乡镇及农村地区新建居住区和住宅建筑宜采用光纤到户的接入方式。

4.5.16　既有居住区和住宅建筑通信设施的改建和扩建应采用光纤到户的接入方式。

4.5.17　居住区和住宅建筑内光纤到户通信设施工程的设计，应满足多家通信业务经营者平等接入、用户可自由选择电信业务经营者的要求。

4.5.18 新建居住区和住宅建筑内的地下通信管道、配线管网、电信间、设备间等通信设施,应与住宅区及住宅建筑同步建设。

4.5.19 光纤到户通信设施工程设计应选用符合国家现行有关技术标准的定型产品。未经产品质量监督检验机构鉴定合格的设备及主要材料,不得在工程中使用。

4.5.20 综合布线系统对于网络传输需求不高或系统构成不大的项目(通常指信息点较少,信息点覆盖区域的半径不大于 90 m)可采用铜芯对绞电缆方案;对于综合配置较高的项目,宜采用铜芯对绞电缆和光缆混合组网的解决方案。

4.5.21 对于建筑物中部分不适合设置网络信息插座的场合,宜采用无线网络的解决方案。

4.5.22 居住区每套住宅的信息网络进户线不应少于 2 根,进户线宜在家居配线箱内做交接。每套住宅内应采用 RJ45 信息插座或光纤信息插座,装设数量不应少于 1 个,插座应暗装,底边距地面高度宜为 0.3 m。客厅、书房、主卧室均应装设信息插座。

4.5.23 居住区综合布线系统的设备间、电信间可合用,也可分别设置。

4.5.24 应符合现行国家标准《综合布线系统工程设计规范》GB 50311 和《住宅区和住宅建筑内光纤到户通信设施工程设计规范》GB 50846 的有关规定。

4.6 室内移动通信覆盖系统

4.6.1 当建筑物内由于屏蔽效应出现移动通信盲区时,应设置室内移动通信覆盖系统。系统应支持多家运营商的通信服务,并考虑通过不同的运营商提供备用的传输通道。

4.6.2 建筑物内安装室内移动通信覆盖系统时,在管道密集和地下室等信号较弱和易受干扰区域,应考虑基站的信号通过有线方式布设到相应的区域,并能通过小型天线发送基站信号。

4.6.3 室内移动通信覆盖系统应具有全频段的覆盖范围。

4.6.4 应符合现行国家标准《环境电磁波卫生标准》GB 9175 等的有关规定。

4.7 无线对讲系统

4.7.1 居住区宜设置无线对讲系统。

4.7.2 无线对讲系统的覆盖区域宜包含居住区建筑地上和地下所有空间。天线的数量及位置应根据建筑类型选择,但要保证居住区内无盲区,通话清晰、无杂音。

4.7.3 无线对讲系统在覆盖区域内的载噪比应大于 15 dB。

4.7.4 为保障电磁干扰不对人体产生影响,地上建筑的功率上下限值应在 -90 ~ 27 dBm,地下层功率的上下限值应在 -80 ~ 30 dBm。

4.8 有线电视系统

4.8.1 居住区应设置有线电视系统,且有线电视系统宜采用当地有线电视业务经营商提供的运营方式。

4.8.2 每套住宅的有线电视系统进户线不应少于 1 根,进户线宜在家居配线箱内做分配交接。

4.8.3 住宅套内宜采用双向传输的电视插座,装设数量不应少于 1 个。电视插座应暗装,底边距地面高度宜为 0.3 ~ 1.0 m。

4.8.4 应符合现行国家标准《有线电视系统工程技术规范》GB 50200 的有关规定。

4.9 广播系统

4.9.1 居住区的广播系统可根据使用要求,分为背景音乐广播系统和火灾应急广播系统。

4.9.2 背景音乐广播系统扬声器应均匀布置,无明显声源方向性，且音量适宜，不影响人群正常交谈。

4.9.3 背景音乐广播系统的分路，应根据居住区建筑类别、播音控制、广播线路路由等因素确定。

4.9.4 应合理选择最大声压级、传输频率特性、传声增益、声场不均匀度、噪声级和混响时间等声学指标，以符合使用的要求。要求扩声系统能达到需要的声场强度，以保证在紧急情况发生时，足以使建筑物内可能涉及区域的人群能清晰地听到警报、疏散的语音。

4.9.5 背景音乐广播系统宜采用定压输出，输出电压宜采用70 V或100 V。扬声器应设置在小区公共活动场所。

4.9.6 当背景音乐广播系统与火灾应急广播系统合用时，在发生火灾时，应将背景音乐广播系统强制切换至火灾应急广播状态，并符合《火灾自动报警系统设计规范》GB 50116的有关规定。

4.9.7 有独立音源和广播要求的场所，不论扬声器在火灾时处于何种状态，都应可靠地切换至应急广播。

4.9.8 室外背景音乐广播线路的敷设可采用铠装电缆直接埋地、地下排管等敷设方式。

4.10 信息导引及发布系统

4.10.1 居住区宜设置信息导引及发布系统。

4.10.2 信息导引及发布系统应对居住区内的居民或来访者提供告知、信息发布及查询等功能。

4.10.3 可根据观看的范围、安装的空间位置及安装方式等条件，合理选定显示屏的类型及尺寸。各类显示屏应具有多种输入接口方式。

4.10.4 供查询用的信息导引及发布系统显示屏，应采用双向传输方式。

4.10.5 信息导引及发布系统宜配置专用有线或无线局域网的传输系统，系统控制设备应实现系统的终端管理、多级授权、同步播放等功能。

4.11 智能化室外管网系统

4.11.1 居住区应建设智能化室外管网系统。智能化室外管网应结合建筑总体规划及其他管网,进行统一规划,统筹布局。

4.11.2 居住区内的光缆应采用穿管敷设,敷设路由应根据地理环境和居住区综合管道的规划确定。地下通信管道的管孔容量应满足至少三个电信业务经营商通信业务接入的需要。

4.11.3 地下通信管道的设计应与居住区其他设施的地下管线整体布局相结合,应与居住区道路同步建设,并应符合下列规定:

1 应与高压电力管、热力管、燃气管、给排水管保持安全距离。

2 应避开易受到强烈震动的地段。

3 应敷设在良好的地基上。

4 路由宜以居住区设备间为中心向外辐射,应选择在人行道、人行道旁绿化带。

4.11.4 地下通信管道的总容量应根据管孔类型、线缆敷设方式,以及线缆的终期容量确定,并应符合下列规定:

1 地下通信管道的管孔应根据敷设的线缆种类及数量选用,可选用单孔管、单孔管内穿放子管或多孔管。

2 地下通信管道应预留一个到两个备用管孔。

4.11.5 室外管网敷设宜采用塑料管或钢管,并应符合下列规定:

1 在下列情况下宜采用塑料管:

(1)管道的埋深位于地下水位以下或易被水浸泡的地段;

(2)地下综合管线较多及腐蚀情况比较严重的地段;

(3)地下障碍物复杂的地段;

(4)施工期限紧迫或尽快要求回填土的地段。

2 在下列情况下宜采用钢管:

(1)管道附挂在桥梁上或跨越沟渠,或需要悬空布线的地段;

(2)管群跨越主要道路,不具备包封条件的地段;

(3)管道埋深过浅或路面荷载过大的地段;

(4)受电力线等干扰影响,需要防护的地段;

(5)建筑物引入管道或引上管道的暴露部分。

4.11.6 管网敷设应有一定的坡度,坡度宜为3.0‰~4.0‰,不得小于2.5‰,以利于渗入管内的地下水流向人孔。

4.11.7 电(光)缆的分支点、汇接点及坡度较大的管线拐弯处设置人(手)孔井。

4.11.8 人(手)孔井位置应与其他相邻管线及管井保持一定距离,相互错开,且应尽量避开道路,将井设置在绿化带中。

4.11.9 对于地下水位较高地段,人(手)孔建筑应做防水处理。

4.11.10 人(手)孔盖应有防盗、防滑、防跌落、防位移、防噪声等措施,井盖上应有明显的用途及产权标识。

4.11.11 进入人孔处的管道基础顶部距人孔基础顶部不宜小于400 mm,管道顶部距人孔上覆底部的净距不应小于300 mm,进入手孔处的管道基础顶部距手孔基础顶部不宜小于200 mm。

4.11.12 塑料管道应有基础,敷设塑料管道应根据所选择的塑料管的管材与管型,采取相应的固定组群措施。塑料管道弯管道的曲率半径不应小于10 m。

4.11.13 引入住宅建筑的地下通信管道应伸出外墙不小于2 m,并应向人(手)孔方向倾斜,坡度不应小于4.0‰。

4.11.14 人(手)孔位置的选择应符合下列规定:

1 在管道拐弯处、管道分支点、设有光缆交接箱处、交叉路口、道路坡度较大的转折处、建筑物引入处、采用特殊方式过路的两端等场合,宜设置人(手)孔。

2 人(手)孔位置应与燃气管、热力管、电力电缆管、排水管等地下管线的检查井相互错开,其他地下管线不得在人(手)孔内穿过。

3 交叉路口的人(手)孔位置宜选择在人行道上。

4 人(手)孔位置不应设置在建筑物的主要出入口、货物堆积、低洼积水等处。

5 与公用通信管道相通的人(手)孔位置,应便于与电信业务经营商的管道衔接。

4.11.15 人(手)孔的选用应符合下列规定:

1 远期管群容量大于6孔时,宜采用人孔。

2 远期管群容量不大于6孔时,宜采用手孔。

3 采用暗式渠道时,宜采用手孔。

4 管道引上处、放置落地式光缆交接箱处,宜采用手孔。

5 信息化应用系统

5.1 一般规定

5.1.1 信息化应用系统的功能应符合下列要求：

1 应提供快捷、有效的业务信息运行的功能。

2 应具有完善的业务支持辅助的功能。

5.1.2 信息化应用系统宜包括物业运营管理系统、信息服务系统、智能卡应用系统、信息网络安全管理系统、家居管理系统及其他业务功能所需要的应用系统。

5.2 物业运营管理系统

5.2.1 智能化的住宅建筑应设置物业运营管理系统。

5.2.2 物业运营管理系统宜具有对居住区内入住人员管理、住户房产维修管理、住户各项费用的查询及收取、居住区公共设施管理、居住区工程图纸管理等功能。

5.2.3 物业运营管理系统应对居住区内各类设施的资料、数据、运行和维护进行管理。

5.3 信息服务系统

5.3.1 居住区宜设置信息服务系统。

5.3.2 信息服务系统宜具有紧急求助、家政服务、电子商务、远程教育、远程医疗、保健、娱乐等功能。

5.3.3 信息服务系统应具有集合各类公用及业务信息的接入、采集、分类和汇总的功能，并建立数据资源库，向建筑物内公众提供信息检索、查询、发布和导引等功能。

5.4 智能卡应用系统

5.4.1 智能卡应用系统宜具有出入口控制、停车场管理、电梯控制、消费管理等功能,并应预留与银行信用卡融合的功能。对于居住区管理人员,宜增加电子巡查、考勤管理等功能。

5.4.2 智能卡应用系统应配置与使用功能相匹配的系列软件。

5.4.3 智能卡宜采用非接触式 IC 卡、ID 卡等。

5.4.4 智能卡应包含持卡人的个人信息,应具有识别身份、门钥、重要信息密钥等功能。

5.4.5 发卡管理中心应对居住区业主卡片统一建立相关数据库,并对不同类型的卡片进行授权操作。

5.4.6 智能卡应用系统数据中心应确保信息安全管理的要求,存储服务器宜设在信息中心设备机房内。系统管理中心应能实现卡片的人员资料管理、权限管理、消费/缴费管理等功能。

5.5 信息网络安全管理系统

5.5.1 信息网络安全管理系统应确保信息网络的正常运行和信息安全。

5.5.2 存在互联出口的网络,应根据公安部 82 号令,实现对用户上网日志的记录,日志存储时间满足政策要求。

5.5.3 计算机网络边缘区域部署防火墙,根据业务类型和安全等级,开启入侵防护系统、防攻击系统、防病毒系统等。

6 建筑设备管理系统

6.1 一般规定

6.1.1 智能化的住宅建筑宜设置建筑设备管理系统,其建筑设备管理系统宜包括建筑设备监控系统、能耗计量及数据远传系统。

6.1.2 建筑设备管理系统的功能应满足居住区管理水平和物业运营的需要,实现数据共享,能生成节能及优化管理所需的各种相关信息分析和统计报表,并进行分析处理。

6.1.3 建筑设备管理系统应满足相关的管理需求,对相关的公共安全系统进行监视及联动控制。

6.1.4 建筑设备管理系统应具有对建筑机电设备测量、监视和控制的功能,确保各类设备系统运行稳定、安全和可靠并达到节能和环保的管理要求。

6.2 建筑设备监控系统

6.2.1 居住区的建筑设备监控系统宜根据建筑设备的情况选择下列设备或系统进行自动监测或控制并集中管理:

1 空调系统;

2 给排水系统;

3 变配电系统;

4 公共照明系统;

5 电梯系统;

6 公共区域、特殊区域环境质量监测系统。

6.2.2 居住区建筑设备监控系统的设计,应根据小区的规模及功能需求合理设置监控点,具体监控点设置应符合国家现行标准《智能建筑设计标准》GB/T 50314 的有关规定。

6.2.3 直接数字控制器(DDC)的电源宜由住宅建筑设备监控中心集中供电。

6.2.4 公共设施监控信息与相关部门或专业维修部门联网。

6.2.5 系统宜提供与火灾自动报警系统(FAS)及安全防范系统(SAS)、机房 UPS 供电系统等的通信接口,为建筑智能化系统集成创造条件。

6.2.6 当冷/热源系统、变风量(VAV)系统、给排水系统、电梯系统、变配电系统、公共照明系统等采用自成体系的专业监控系统时,应通过标准通信接口纳入建筑设备管理系统。

6.3 能耗计量及数据远传系统

6.3.1 能耗计量及数据远传系统可采用有线网络或无线网络传输。

6.3.2 有线网络进户线可在家居配线箱内做交接。

6.3.3 距能耗计量表具 0.3 ~0.5 m 处,应预留接线盒,且接线盒正面不应有遮挡物。

6.3.4 能耗计量及数据远传系统有源设备的电源宜就近引接。

7 公共安全系统

7.1 一般规定

7.1.1 居住区的公共安全系统宜根据建设面积、建筑投资、系统规模、系统功能和安全管理要求等因素，合理配置相关的系统。

7.1.2 居住区公共安全系统的设计，应遵从人防、物防、技防有机结合的原则，在设置物防、技防设施时，应考虑人防的功能和作用。

7.1.3 居住区的公共安全系统宜包括火灾自动报警系统、安全技术防范系统和应急联动系统。

7.1.4 系统设计时，应提供相关预埋管线、箱、盒等的安装和敷设要求。

7.1.5 公共安全系统的监控中心内宜采用由钢、铝或其他有足够机械强度的阻燃性材料制成的活动地板。活动地板表面应是防静电的，并严禁暴露金属构造。

7.1.6 居住区公共安全系统的设计应符合国家现行标准《智能建筑设计标准》GB/T 50314、《民用建筑电气设计规范》JGJ 16 等的有关规定。

7.2 火灾自动报警系统

7.2.1 居住区火灾自动报警系统的设计、保护对象的分级及火灾探测器设置部位等，应符合现行国家标准《火灾自动报警系统设计规范》GB 50116 的规定。

7.2.2 火灾自动报警系统的设计，除执行本标准外，尚应符合国家现行标准《高层民用建筑设计防火规范》GB 50045、《建筑设计防火规范》GB 50016 和《火灾自动报警系统设计规范》GB 50116 等的有关规定。

7.3 安全技术防范系统

7.3.1 居住区的安全技术防范系统宜包括周界安全防范系统、公共区域安全防范系统、家居安全防范系统及监控中心。

7.3.2 居住区安全技术防范系统配置标准应符合表 7.3.2 的规定。

表 7.3.2 居住区安全技术防范系统配置标准

<table>
<tr><th>序号</th><th>系统名称</th><th>安防设置</th><th>配置标准</th></tr>
<tr><td>1</td><td>周界安全防范系统</td><td>电子周界防护系统</td><td>宜设置</td></tr>
<tr><td rowspan="4">2</td><td rowspan="4">公共区域安全防范系统</td><td>电子巡查管理系统</td><td rowspan="4">应设置</td></tr>
<tr><td>视频安防监控系统</td></tr>
<tr><td>停车场管理系统</td></tr>
<tr><td>出入口控制系统</td></tr>
<tr><td rowspan="3">3</td><td rowspan="3">家居安全防范系统</td><td>访客对讲系统</td><td>应设置</td></tr>
<tr><td>紧急求助报警装置</td><td>可选项</td></tr>
<tr><td>入侵报警系统</td><td>宜设置</td></tr>
<tr><td rowspan="2">4</td><td rowspan="2">监控中心</td><td>安全管理系统</td><td>各子系统宜联动设置</td></tr>
<tr><td>可靠通信工具</td><td>应设置</td></tr>
</table>

7.3.3 周界安全防范系统的设计应符合下列规定：

1 电子周界防护系统应与周界的形状和出入口设置相协调，不应留盲区。

2 电子周界防护系统应预留与住宅建筑安全管理系统的联网接口。

3 电子周界防护系统由入侵探测器、传输、声光显示与记录、控制四个主要部分组成。

4 沿小区周界封闭设置红外/微波入侵探测器、感应探测电缆等电子防护（小区出入口除外），应能在监控中心通过电子地图或模拟地图显示周界报警的具体位置，应有声、光指示，应具备设备防破坏和线路故障报警功能。

5 系统能独立运行。

6 应能显示和记录报警部位及有关警情数据，并提供与其他子系统联动的控制接口信号。

7 在重要区域和重要部位发出报警的同时，能对报警现场进行复核。

7.3.4 公共区域安全防范系统的设计应符合下列规定：

1 电子巡查管理系统应符合下列规定：

（1）根据居住区安全防范管理的要求，预置巡查程序，通过信息识读器等对保安人员巡查的工作状态进行监督、记录，并能对意外情况及时报警。

（2）巡更站点宜设置在小区周边、出入口、电梯前室、停车场、重点防范部位、主要通道等需要设置巡更站点的地方。

（3）离线式电子巡查系统的信息识读器底边距地面宜为1.3～1.5 m，安装方式应具备防破坏措施，或选用防破坏型产品。

（4）在线式电子巡查系统的管线宜采用暗敷。

（5）系统可独立设置，也可与门禁管理系统或电子周界防护系统联合设置。

2 视频安防监控系统应符合下列规定：

（1）视频安防监控系统前端设备摄像机的覆盖范围应包括居住区内（外）的园区、公共活动场所、出入口、主要道路、电梯、地下停车场等重要部位和场所。

（2）视频安防监控系统应根据居住区安全管理的需要，对居住区的出入口、地下停车场、重要部位等进行视频探测的画面再现、图像的有效监视和记录，一般由前端、传输网络和控制中心组成。

(3)系统的控制中心宜由显示设备、存储设备、视频管理软件、操作终端和控制台等附属设备组成。

(4)视频安防监控系统在正常的工作照明条件下，在居住区出入口、地下停车场应能实时监视、记录人员及车辆流动，回放图像应能清晰显示人员脸部特征、车辆车牌号；非重要区应能实时监视人员的活动情况，回放图像应能清晰辨别人员的体貌特征；环境照度不够时须采取补光措施。

(5)前端摄像机应具有足够的清晰度，图像回放效果要求清晰、稳定，在显示屏上应能有效识别目标。

(6)重要部位的记录图像保存时间应不少于30天，单帧数字图像的像素总数不小于D1(720×576)。

(7)视频安防监控系统应独立运行，且应与门禁管理系统、入侵报警系统联动。

(8)室外摄像机的安装应采取防水、防晒、防雷等措施。

(9)应预留与居住区安全管理系统的联网接口。

3 停车场管理系统应符合下列规定：

(1)系统能根据用户对车辆管理的实际使用需求设计，对停车场的车辆通行道口实现出入控制、监视、信号指示、停车管理等综合管理。

(2)停车场管理系统宜包含道闸控制、图像对比、语音提示、语音对讲、中文显示、自动出卡、收费管理等功能。

(3)停车场管理系统宜与视频安防监控系统联网。

4 出入口控制系统应符合下列规定：

(1)出入口控制系统根据小区安全防范管理的要求，对需要控制的各类出入口的进、出实施实时控制与管理，并具有报警功能。

(2)根据安全防范管理的需要,宜在小区单元楼入口处设置出入口控制装置。

(3)出入口控制系统由门禁控制器、读卡器、出门按钮、电控锁或通道闸、感应卡、管理软件等组成。

(4)系统宜具有联网功能;联网系统应具有单机脱网工作、脱网主机报警功能,并应具有联网恢复时数据自动上传功能。

(5)系统的识别装置和执行机构能保证操作的有效性和可靠性。系统的信息处理装置能对系统中的有关信息自动记录、打印、存储,并具有防篡改和防销毁等措施。

(6)系统宜采用开放式的通信协议。

(7)系统应能独立运行,且宜与火灾自动报警系统、视频安防监控系统、电子周界防护系统、电子巡查管理系统等联动。同时,系统应满足紧急逃生时人员疏散的相关要求。

7.3.5 家居安全防范系统的设计应符合下列规定:

1 访客对讲系统应符合下列规定:

(1)系统由中心管理机、小区门口机、单元门口机、室内分机组成。

(2)系统宜具有联网功能;联网系统应具有单机脱网工作、脱网主机报警功能。

(3)单元门口机宜安装在单元入口处防护门上或墙体内,室内分机宜安装在起居室或客厅内,主机和室内分机底边距地面宜为1.3~1.5 m。

(4)中心管理机实现对讲、报警接收、信息发布等功能,单元门口机实现刷卡开门、信息存储等功能,室内分机实现开锁、对讲、呼叫管理员等功能。

2 紧急求助报警装置应符合下列规定:

(1)每户应至少安装一处紧急求助报警装置,紧急求助报警装置应具有防拆卸、防破坏报警功能,且有防误触发措施;安装位置应适宜,应考虑老年人和未成年人的使用要求,选用触发件接触面大、机械部件灵活可靠的产品。

(2)紧急求助信号应能报至监控中心。

3 入侵报警系统应符合下列规定:

(1)可在住户套内、户门、阳台及外窗等处,选择性地安装入侵报警探测装置。

(2)入侵报警系统信号应能报至监控中心。

7.3.6 监控中心的设计应符合下列规定:

1 监控中心应具有自身的安全防范设施。

2 周界安全防范系统、公共区域安全防范系统、家居安全防范系统等主机宜安装在监控中心。

3 监控中心应配置可靠的通信工具,并应留有与上级接警中心联网的接口。

4 监控中心可与居住区管理中心合用,使用面积需满足设备布置、消防器材布置、人员操作、人员疏散的要求并合理预留空间。

7.4 应急联动系统

7.4.1 建筑高度为100 m或35层及以上的住宅建筑、居住人口超过5 000人的住宅建筑宜设应急联动系统。应急联动系统宜以火灾自动报警系统、安全技术防范系统为基础。

1 应急联动系统应具有下列功能:

(1)对火灾、非法入侵等事件进行准确探测和本地实时报警。

(2)采取多种通信手段,对自然灾害、重大安全事故、公共卫生事件和社会安全事件实现本地报警和异地报警。

(3)指挥调度。

(4)紧急疏散与逃生导引。

(5)事故现场紧急处置。

2 应急联动系统宜具有下列功能:

(1)接收上级的各类指令信息。

(2)采集事故现场信息。

(3)收集各子系统上传的各类信息,接收上级指令和应急系统指令并下达至各相关子系统。

(4)多媒体信息的大屏幕显示。

(5)建立各类安全事故的应急处理预案。

3 应急联动系统应配置下列系统:

(1)有线/无线通信、指挥、调度系统。

(2)多路报警系统(110、119、122、120及水、电等城市基础设施抢险部门)。

(3)消防-建筑设备联动系统。

(4)消防-安防联动系统。

(5)应急广播-信息发布-疏散导引联动系统。

4 应急联动系统宜配置下列系统:

(1)大屏幕显示系统。

(2)基于地理信息系统的分析决策支持系统。

(3)视频会议系统。

(4)信息发布系统。

7.4.2 应急联动系统建设应纳入地区应急联动体系并符合相关的管理规定。

7.4.3 居住区应急联动系统宜满足现行国家标准《智能建筑设计标准》GB/T 50314的相关规定。

8　智能化集成系统

8.1　一般规定

8.1.1　智能化集成系统集成范围宜包含信息设施系统、信息化应用系统、建筑设备管理系统和公共安全系统。

8.1.2　智能化集成系统应按需集成。系统应满足先进性、开放性、安全性、经济性、实用性、可管理性和高效率性等要求。

8.1.3　智能化集成系统应实现各系统之间的数据集中监测、数据分析、联动控制功能，实现全过程的设备跟踪处理、全方位的能耗统计分析和优化的节能管理。

8.1.4　智能化集成系统所有系统的通信协议和接口应符合国家现行的相关技术标准。

8.2　集成平台

8.2.1　智能化集成系统应采用统一平台，完成数据通信、信息采集及联动的综合处理，实现信息共享。

8.2.2　系统集成平台宜采用网络式结构，通信层宜采用基于TCP/IP 协议的以太网架构。

8.2.3　应根据用户使用和管理需求，把软、硬件平台，网络平台和数据平台等组成一个完整协调的集成系统，实现优化控制与管理，创造节能、高效、舒适、安全的环境。

8.3　集成接口

8.3.1　智能化集成系统应提供与火灾自动报警系统和安全技术

防范系统互联所必需的标准通信接口和特殊接口协议。在集成系统平台上应能观测到与火灾自动报警系统和安全技术防范系统的相关实时信息。

8.3.2 智能化集成系统应提供通过电话网和广域网的通信接口，实现远距离通信与控制、资源共享与联动控制的能力。

8.3.3 集成的通信协议和接口应符合国家现行的相关技术标准，系统应具有可靠性、容错性、易维护性和可扩展性。

8.4 运行环境

8.4.1 智能化集成系统宜在 UNIX、Linux、Windows 和其他成熟、开放的操作系统上运行。

8.4.2 智能化集成系统应支持多种数据库，满足居住区信息管理系统的要求。

9 机房工程

9.1 一般规定

9.1.1 居住区的机房工程宜包括控制室、弱电间、电信间等，并宜按现行国家标准《电子信息系统机房设计规范》GB 50174 中的 C 级进行设计。

9.1.2 机房设计包括装饰装修、照明、空调、消防、屏蔽、弱电等设计要素。

9.1.3 各控制室面积、弱电间面积、布线通路等各方面应留有充分的发展余地，为智能化各系统提供足够的运行和发展空间。

9.1.4 场地环境条件应符合下列规定：

1 装修应采用不燃烧、不起灰、耐久的环保材料。

2 应防止有害气体侵入，并应采取防尘措施。

3 梁下净高不应小于 2.5 m。

4 地面等效均布活荷载不应小于 6.0 kN/m^2。

5 弱电间宜采用防火外开双扇门，门宽不应小于 1.2 m；电信间宜采用丙级防火外开单扇门，门宽不应小于 1.0 m。

6 一般照明的水平面照度不应小于 150 lx。

7 弱电间和电信间应设置等电位接地端子板，接地电阻值不应大于 10 Ω。

8 机柜应就近可靠接地，导体面积不应小于 16 mm^2。

9.1.5 线缆敷设应符合下列规定：

1 线缆布放应采取防潮、防鼠、防火等措施。

2 信号线与电源线应分开敷设。

3 梯架、托盘及槽盒高度不宜大于150 mm,宜敷设在机柜顶部。

9.1.6 机柜安装应符合下列规定:

1 操作维护侧距墙净距离不应小于800 mm。

2 安装位置应避开空调。

3 应进行抗震加固,并应符合现行行业标准《电信设备安装抗震设计规范》YD 5059 的有关规定。

9.1.7 各控制室与弱电间不允许与其无关的水管、风管、电力电缆等各种管线穿过。

9.1.8 根据机房的规模和管理的需要,宜设置机房环境综合监控系统。

9.1.9 居住区机房的设计应符合国家现行标准《电子信息系统机房设计规范》GB 50174、《民用建筑电气设计规范》JGJ 16、《住宅建筑电气设计规范》JGJ 242 的有关规定。

9.2 控制室

9.2.1 居住区建筑物内的智能化系统宜分类合设弱电控制室,公共广播与有线电视可合设广播电视机房;综合布线设备间(总配线间)宜与计算机网络机房或电话交换机房靠近;消防控制室可单独设置,亦可与安防系统、建筑设备监控系统等合用控制室。使用面积应根据系统的规模确定。

9.2.2 消防控制室应满足消防规范要求,安防控制室宜接近保安值班室。设在首层的弱电机房的外门、外窗应采取安全措施,在附近没有公共卫生间可供利用时,应设厕所。

9.2.3 各控制室位置选择应符合下列要求:

1 宜设在负荷中心,且进出线方便的部位;

2 应避开有较大震动、强噪声、灰尘多的地方;

3 应避开变电站等有强电磁干扰的地方;

4 应避开存在有害气体的场所;

5 应避开易燃、易爆、潮湿的场所。

9.2.4 控制室不应设置于卫生间、水房等易积水房间的下层。

9.2.5 控制室的耐火等级不应低于二级,消防措施应符合国家消防设计规范规定,不应设置自动喷水灭火系统。

9.2.6 控制室的供电应满足各系统正常运行最高负荷等级的需求。

9.3 弱电间及弱电竖井

9.3.1 弱电间应根据弱电设备的数量、系统出线的数量、设备安装与维修等因素,确定其所需的使用面积。

9.3.2 在建筑物内设置弱电间、电信间时,应符合下列规定:

1 宜设置在建筑物的首层,当条件不具备时,也可设置在地下一层。

2 不应设置在厕所、浴室或其他易积水、潮湿场所的正下方或贴邻,不应设置在变压器室、配电室等强磁干扰场所的楼上、楼下或隔壁房间。

3 应远离排放粉尘、油烟的场所。

4 应远离高低压变配电、电机、无线电发射等有干扰源存在的场所,当无法满足要求时,应采取相应的防护措施。

5 宜靠近本建筑物的线缆入口处、进线间和弱电间,并宜与布线系统垂直竖井相通。

9.3.3 多层住宅建筑弱电系统设备宜集中设置在一层或地下一层弱电间(电信间)内。弱电竖井在利用通道作为检修面积时,弱电竖井的净宽度不宜小于0.35 m。

9.3.4 7层及以上的住宅建筑弱电系统设备的安装位置应由设计人员确定。弱电竖井在利用通道作为检修面积时,弱电竖井的净宽度不宜小于0.6 m。

9.3.5 弱电间及弱电竖井应根据弱电系统进出线缆所需的最大通道,预留竖向穿越楼板、水平穿过墙壁的洞口。

9.3.6 高层建筑或弱电系统较多的多层建筑均应设置弱电间(弱电楼层配线间),弱电间的位置选择应符合下列要求:

1 宜设在靠近负荷中心,便于安装、维修的公共部位。

2 设有综合布线系统时,由弱电间至最远信息插座的距离,不应超过 90 m,超过 90 m 时,应增设弱电间。

3 弱电间位置应上下层对应。每层均应设独立的门,不应与其他房间形成套间。

4 不应与水、暖、气等管道共用弱电间。

5 应避免靠近(邻近)烟道、热力管道及其他散热量大或潮湿的设施。

9.3.7 弱电间面积宜符合下列规定:

1 设有综合布线机柜时,弱电间面积宜大于或等于 5 m^2。如覆盖的信息点超过 150 点,应适当增加面积。应设外开宽度大于或等于 0.8 m 的门。

2 无综合布线机柜时,可采用壁柜式弱电间。系统较多时,弱电间面积宜大于或等于 $3 \times 0.8\ m^2$,并设两个外开双扇门;系统较少时,弱电间面积宜大于或等于 $1.58 \times 0.6\ m^2$,并设外开双扇门。

9.4 电信间

9.4.1 住宅建筑电信间的使用面积不宜小于 5 m^2。

9.4.2 住宅建筑的弱电间、电信间宜合用,使用面积不应小于电信间的面积要求。

10　电源、防雷与接地

10.1　一般规定

10.1.1　居住区建筑智能化系统应设置电源、防雷与接地系统。

10.1.2　居住区建筑智能化系统的用电负荷等级应符合国家相关标准规定。

10.1.3　当电缆从建筑物外面进入建筑物时，应选用适配的信号线路浪涌保护器，信号线路浪涌保护器应符合国家相关标准要求。

10.1.4　居住区建筑的防雷接地、配电系统的接地、设备的保护接地、电子信息系统的接地、屏蔽接地、防静电接地等应采用共用接地装置，宜优先采用自然接地体，其接地电阻应按其中最小值确定。

10.1.5　居住区的各类型机房防雷与接地系统施工除应执行本标准外，尚应符合现行国家标准《建筑物电子信息系统防雷技术规范》GB 50343 和《建筑物防雷设计规范》GB 50057 的有关规定。

10.2　智能化系统电源

10.2.1　居住区的信息机房宜采用双回路供电，并设置不间断电源(UPS)。若采用不间断电源，电池组放置于机房电源室内，并配置电池柜。

10.2.2　居住区智能化系统备用电源宜根据规模大小、设备分布及对电源需求等因素，采取不间断电源(UPS)分散供电或不间断电源(UPS)集中供电作为备用电源。

10.2.3　电源输入端应设电涌保护装置。

10.2.4 不间断电源(UPS)应根据需要保证停电时计算机设备正常工作时间的要求。当市电正常时,不间断电源(UPS)为计算机设备提供持续、稳定的电源供应;当市电断电时,迅速切换至电池供电,保证系统的安全正常运行。

10.2.5 不间断电源系统的基本容量应考虑智能化系统的负荷并应留有余量。不间断电源系统的基本容量可按下式计算:

$$E \geqslant 1.2P \tag{10.2.5}$$

式中 E——不间断电源系统的基本容量(不包含备份不间断电源系统设备),kW/kVA;

P——智能化系统设备的计算负荷,kW/kVA。

10.2.6 UPS 的输出功率因数应大于或等于 0.8,谐波电压畸变率和谐波电流畸变率应符合表 10.2.6 中的Ⅰ级标准。

表 10.2.6 不间断电源(UPS)的谐波限值

级别	Ⅰ级	Ⅱ级	Ⅲ级
谐波电压畸变率(%)	3~5	5~8	8~10
谐波电流畸变率(规定 3~39 次 THDI)(%)	<5	<15	<25

10.3 智能化系统防雷与接地

10.3.1 智能化系统的防雷与接地应满足人身安全及智能化系统正常运行的要求,并应符合国家现行标准的规定。

10.3.2 保护性接地和功能性接地宜共用一组接地端子,其接地电阻应按照其中最小值确定。对功能性接地有特殊要求,需单独设置接地线的智能化设备,接地线应与其他接地线绝缘,供电线路与接地线宜同路径敷设。

10.3.3 机房内的智能化设备应进行等电位连接,等电位连接方式应根据电子信息设备易受干扰频率及机房的等级和规模确定。

10.3.4 不间断电源(UPS)应按下列规定做重复接地:

1 UPS 供电电源采用 TN－S 制时，若 UPS 旁路未加隔离变压器，UPS 出线端 N 线、PE 线不能连接。若 UPS 旁路加隔离变压器，UPS 出线端做重复接地。

2 UPS 供电电源采用 TN－S 制时，若 UPS 旁路未加隔离变压器，但在 UPS 输出端配电柜（PDU）中加隔离变压器，则在 PDU 柜出线处将 N 线、PE 线连接，做重复接地。

本标准用词说明

1 为便于执行本标准条文时区别对待,对要求严格程度不同的用词说明如下:

(1)表示很严格,非这样做不可的:

正面词采用“必须”,反面词采用“严禁”。

(2)表示严格,在正常情况下均应这样做的:

正面词采用“应”,反面词采用“不应”或“不得”。

(3)表示允许稍有选择,在条件许可时首先应这样做的:

正面词采用“宜”,反面词采用“不宜”。

(4)表示有选择,在一定条件下可以这样做的:

正面词采用“可”,反面词采用“不可”。

2 条文中指定应按其他有关标准执行时,写法为“应符合……的规定”或“应按……执行”。

非必须按所指定的标准执行时,写法为“可参照……执行”。

河南省工程建设标准

居住区建筑智能化系统设计标准

DBJ41/T142—2014

条 文 说 明

目　次

1　总则……………………………………………………… 40
4　信息设施系统…………………………………………… 42
4.1　一般规定…………………………………………… 42
4.2　通信接入系统……………………………………… 42
4.4　计算机网络系统…………………………………… 43
4.5　综合布线系统……………………………………… 43
4.6　室内移动通信覆盖系统…………………………… 46
4.7　无线对讲系统……………………………………… 46
4.8　有线电视系统……………………………………… 47
4.9　广播系统…………………………………………… 47
5　信息化应用系统………………………………………… 49
5.1　一般规定…………………………………………… 49
5.2　物业运营管理系统………………………………… 49
6　建筑设备管理系统……………………………………… 50
6.2　建筑设备监控系统………………………………… 50
6.3　能耗计量及数据远传系统………………………… 50
7　公共安全系统…………………………………………… 51
7.3　安全技术防范系统………………………………… 51
7.4　应急联动系统……………………………………… 52
8　智能化集成系统………………………………………… 54
8.1　一般规定…………………………………………… 54
8.2　集成平台…………………………………………… 54
8.3　集成接口…………………………………………… 55

9　机房工程………………………………………………………… 56
9.1　一般规定……………………………………………………… 56
9.2　控制室………………………………………………………… 56
9.3　弱电间及弱电竖井…………………………………………… 57
10　电源、防雷与接地……………………………………………… 58
10.2　智能化系统电源 …………………………………………… 58
10.3　智能化系统防雷与接地 …………………………………… 58

1 总　　则

1.0.1 本条是制定本标准的宗旨和目的，是对居住区智能化系统工程设计在贯彻国家技术经济政策方面所做的原则规定，即在满足技术性能和要求的前提下，既要采用先进技术，又要节省投资。

1.0.2 本条规定了本标准的适用范围。

1.0.3 本条规定居住区建筑智能化系统的工程设计与建筑主体设计同步进行，统一规划，在设计中做好管线和安装位置的预留，避免与其他相关专业的冲突，造成不必要的浪费。根据本单位资金状况，可一次性将智能化系统全部建设，也可先行建设其中某几个系统，但要考虑后期智能化系统的扩容。智能化系统建设时，应考虑与其他系统的接口，并具有系统本身的扩展性。

1.0.4 本标准为工程设计人员和工程建设单位提供了居住区智能建筑的设计依据，工程设计中相关的国家现行标准是本标准实施的基础。本标准所引用的国家现行标准应是该被引用标准的最新版本，这些标准重编或修改后，应自动改为相应的新版标准。

与居住区智能建筑相关的国家工程建设标准如下：

《民用建筑电气设计规范》JGJ 16；

《建筑物防雷设计规范》GB 50057；

《建筑物电子信息系统防雷技术规范》GB 50343；

《建筑设计防火规范》GB 50016；

《住宅区和住宅建筑内光纤到户通信设施工程设计规范》GB 50846；

《火灾自动报警系统设计规范》GB 50116；

《综合布线系统工程设计规范》GB 50311；

《智能建筑设计标准》GB/T 50314；
《民用闭路监视电视系统工程技术规范》GB 50198；
《视频显示系统工程技术规范》GB 50464；
《有线电视系统工程技术规范》GB 50200；
《安全防范工程技术规范》GB 50348；
《入侵报警系统工程设计规范》GB 50394；
《视频安防监控系统工程设计规范》GB 50395；
《出入口控制系统工程设计规范》GB 50396；
《电子信息系统机房设计规范》GB 50174；
《环境电磁波卫生标准》GB 9175；
《住宅建筑电气设计规范》JGJ 242；
《安全防范系统通用图形符号》GA/T 74。

4 信息设施系统

4.1 一般规定

住宅建筑目前安装的电话插座、电视插座、信息插座(电脑插座),功能相对来说比较单一。随着物联网的发展、三网融合的实现,住宅建筑里电视插座、电话插座、信息插座的功能也会多样化,如信息插座不仅能提供电脑上网的服务,还能提供家用电器远程监控等服务。各运营商也会给居民提供更多更好的信息资源服务。

三网融合后住宅套内的电话插座、电视插座、信息插座功能合一,设置数量也会合一。例如根据目前三个网络同时存在的情况,起居室可能要同时安装电视、电话、信息三个插座,三网融合后,起居室安装一个信息插座就能满足使用要求。所以,设计人员在设计三网进户时,一定要与当地三网融合的建设情况相适应。

4.1.3 目前除有线电视系统由各地主管部门统一管理外,通信、信息网络业务均有多家经营商经营管理。居民有权选择通信、信息网络业务经营商,所以本标准规定了住宅建筑要预留三个通信业务经营商和三个信息网络业务经营商所需设施的安装空间。

4.2 通信接入系统

4.2.3 通信光缆配线设计,应按居住区内远期用户数和光缆芯数系列进行配置,可根据实际需求分期实施。

4.4 计算机网络系统

4.4.5 在下列场所宜采用无线网络：

1 用户经常移动的区域或流动用户多的公共区域；

2 建筑布局中无法预计变化的场所；

3 被障碍物隔离的区域或建筑物；

4 布线困难的环境。

4.5 综合布线系统

4.5.6 三网融合在现阶段并不意味着电信网、信息（计算机）网和有线电视网三大网络的物理合一，三网融合主要是指高层业务应用的融合。三大网络通过技术改造，能够提供包括语音、数据、图像等综合多媒体的通信业务。换句话说，住户不管选用三个网的哪家运营商，都可以通过这一家运营商实现户内看电视、上网和打电话（不包括移动电话，下同）。

目前 FHC 有线电视网通过机顶盒和电缆调制解调器实现数字电视的转播和连接因特网，电信网通过 ISDN 等连接因特网，只有信息（计算机）网通过综合布线系统直接连接因特网。居民在家一般要通过两个或三个网络来实现看电视、上网和打电话。三网融合后，居民可以选择一家运营商实现户内看电视、上网和打电话，也可以和现在一样选择两家或三家运营商实现户内看电视、上网和打电话。

对于设计人员来说，新建的住宅建筑一定要和建设方沟通，要与当地的实际情况及发展前景相结合，能做到三大网络物理网络合一是最理想的状态。三网融合后，住宅建筑的布线及插座配置也应有所变化。目前三网融合正在规划实施中，各地区发展速度不一致，本标准还不能对三网融合后的布线及配置作出规定，但要求每套住宅应设置家居配线箱，家居配线箱的设置对今后三网融合和光缆进户将会起到很重要的作用。

4.5.9 家居配线箱内可安装无线路由器等家用无线通信设备,因此家居配线箱宜安装在无线信号不被屏蔽之处。

4.5.10 家居配线箱不宜与家居配电箱上下垂直安装在一个墙面上,避免竖向强、弱电管线多、集中、交叉。家居配线箱可与家居控制器上下垂直安装在一个墙面上。

4.5.11 预留 AC220 V 电源接线盒,是为了给家居配线箱里的有源设备供电。家居配线箱里的有源设备一般要求 50 V 以下的电源供电,电源变压器可安装在电源接线盒内。接线盒内的电源宜就近取自照明回路。

4.5.12 家居配线箱用于住宅建筑各类弱电信息系统布线的集中配线管理,便于户外各业务提供商的各类接入服务并满足住宅内语音、数据、有线电视、家庭自动化系统、环境控制、安保系统、音频等各类信息接入用户终端的传输、分配和转接。家居配线箱功能与尺寸可参照表 4.5.12 的要求。

表 4.5.12 家居配线箱功能与尺寸

功能	箱体埋墙尺寸(高×宽×深)(mm)
可安装 ONU 设备、有源路由器/交换机、语音交换机、有源产品的直流(DC)电源、有线电视分配器及配线模块等弱电系统设备	400×300×120
可安装 ONU 设备,以及无源数据配线模块、电话配线模块、有线电视配线模块等弱电系统设备	350×300×120
可安装 ONU 设备、有线电视配线模块,主要用于小户型住户	300×250×120

4.5.14 本条为强制性条文，是根据《中华人民共和国国民经济和社会发展第十二个五年规划纲要》中"构建下一代信息基础设施"，"推进城市光纤入户，加快农村地区宽带网络建设，全面提高宽带普及率和接入宽带"，以及《"十二五"国家战略性新兴产业发展规划》中"实施宽带中国工程"、"加快推进宽带光纤接入网络建设"等内容而提出的。加快推进光纤到户，是提升宽带接入能力、实施宽带中国工程、构建下一代信息基础设施的迫切需要。《"十二五"国家战略性新兴产业发展规划》明确提出"到 2015 年城市和农村家庭分别实现平均 20 兆和 4 兆以上宽带接入能力，部分发达城市网络接入能力达到 100 兆"的发展目标，要实现这个目标，必须推动城市宽带接入技术换代和网络改造，实现光纤到户。

当前，光纤到户(FTTH)已作为主流的家庭宽带通信接入方式，其部署范围及建设规模正在迅速扩大。与铜缆接入(xDSL)、光纤到楼(FTTB)等接入方式相比，光纤到户接入方式在用户接入宽带、所支持业务丰富度、系统性能等方面均有明显的优势。主要表现在：一是光纤到户接入方式能够满足高速率、大带宽的数据及媒体业务的需求，能够适应现阶段及将来通信业务种类和带宽需求快速增长的要求，同时光纤到户接入方式对网络系统和网络资源的可管理性、可拓展性更强，可大幅提升通信业务质量和服务质量；二是采用光纤到户接入方式可以有效地实现共建共享，减少重复建设，为用户自由选择电信业务经营者创造便利条件，并且能有效避免对居住区及住宅建筑内通信设施进行繁杂的改建及扩建；三是光纤到户接入方式能够节省有色金属资源，减少资源开发及提炼过程中的能源消耗，并能有效推进光纤光缆等战略性新兴产业的快速发展。

4.5.17 本条为强制性条文，是根据原信息产业部和原建设部联合发布的《关于进一步规范住宅小区及商住楼通信管线及通信设施建设的通知》(信部联规〔2007〕24 号)的要求而提出的，即"房地产开发企业、项目管理者不得就接入和使用住宅小区和商住楼内的通信管线等通信设施与电信运营企业签订垄断性协议，不得以任何方式限制其他电信运营企业的接入和使用，不得限制用户自由选择电信业务的权利”。

4.5.18 本条为强制性条文。通信设施作为住宅建筑的基础设施，工程建设由电信业务经营者与住宅建设方共同承建。为了保障通信设施工程质量，由住宅建设方承担的通信设施工程建设部分，在工程建设前期应与土建工程统一规划、设计，在施工、验收阶段做到同步实施。

4.5.22 信息插座不应少于1个是标准规定安装的数量，安装位置由建设方和设计人员根据标准确定。设置2个及以上信息插座的住宅，宜配置计算机交换机/集线器（SW/HUB）。如果为起居室兼主卧室且没有书房的一室户型，信息插座可安装1个。

4.6 室内移动通信覆盖系统

4.6.1 一般住宅建筑多为钢筋混凝土结构，大楼内电磁波信号损失严重，在大型建筑物的电梯内、地下停车场等区域，移动通信信号弱，手机无法正常使用，形成了移动通信的盲区和阴影区；在建筑物的高层，由于受基站天线的高度限制，信号无法正常覆盖，也是移动通信的盲区。因此，解决好室内信号覆盖，满足用户需求，提高网络覆盖质量，已变得越来越重要。另外，在有些建筑物内，虽然手机能够正常通话，但是由于用户密度大，基站信道拥挤，手机上线困难。因此，必须采用相关室内移动通信覆盖技术。

4.7 无线对讲系统

4.7.3 载噪比（信噪比）是用来标示载波与载波噪声关系的标准测量尺度。高的载噪比可以提供更好的网络接收率、更好的网络通信质量以及更好的网络可靠率。

4.7.4 地上建筑的功率上下限值应在 $-90 \sim 27$ dBm($10^{-9} \sim 500$ mW),地下层功率的上下限值应在 $-80 \sim 30$ dBm(10^{-8} mW ~ 1 W)。

4.8 有线电视系统

4.8.2 进户线的设置与当地有线电视网的系统设置和收费管理有关。设计方案应经当地管理部门审批。

有线电视系统的信号传输线缆,目前采用光缆到小区或到住宅楼,随着三网融合的推进,很快会实现光缆到户。有线电视系统的进户线不应少于 1 根是针对采用特性阻抗为 75 Ω 的同轴电缆而言的,如果采用光缆进户,有 1 根多芯光缆即可。75-5 同轴电缆传输距离一般为 300 m,超过 300 m 时宜采用光缆传输。

有线电视系统三网融合后,光缆进户需进行光电转换,电缆调制解调器(CM)和机顶盒(STB)功能可合一,设备可单独设置,也可设置在家居配线箱里。

4.8.3 电视插座面板由于三网融合的推进可能会发生变化,本标准里的电视插座还是按 86 系列面板预留接线盒的。起居室里的电视多半与起居室里的家具组合摆放,电视插座距地面 0.3 m,由于电视机的插头长度大于踢脚线的厚度,影响家具的摆放,使用不方便,所以本标准根据实际应用情况将电视插座的安装高度调整为 0.3 ~ 1.0 m,与电视机配套的电源插座宜和电视插座安装高度一致。

电视插座不应少于 1 个是标准规定安装的数量,安装位置由建设方和设计人员根据规范确定。起居室兼主卧室的户型可装 1 个电视插座,起居室与主卧室分开的户型应安装 2 个电视插座。

4.9 广播系统

4.9.4 公共广播设备选用定压输出,主要是为了提高信号的传输效率,减少线路衰耗,方便线路配接,便于使用。根据《声系统设备互连的优选配接值》GB/T 14197 的规定,恒压扬声器系统额定电压的优选值规定为 50 V、70 V 及 100 V 三种,公共广播系统中的扬声器的额定电压可按此选择使用。

5 信息化应用系统

5.1 一般规定

5.1.2 家居管理系统是将住宅建筑(小区)各个智能化子系统的信息集成在一个网络与软件平台上进行分析和处理,并保存于住宅建筑(小区)管理中心数据库,实现信息资源共享的综合系统。

5.2 物业运营管理系统

5.2.1 非智能化的住宅建筑,具备条件时,也应设置物业运营管理系统。

6 建筑设备管理系统

6.2 建筑设备监控系统

6.2.1 本条只提出了智能化居住区设置建筑设备监控系统应具备的最低功能要求,有条件的开发商可根据需求监测与控制更多的系统和设备。如果居住区已经建设智能照明系统,建筑设备监控系统可不对公共照明系统进行控制和管理。

6.3 能耗计量及数据远传系统

6.3.1 能耗计量及数据远传系统宜由能耗计量表具、采集模块/采集终端、传输设备、集中器、管理终端、供电电源组成。有线网络包括 RS485 总线、局域网、低压电力线载波等。

7 公共安全系统

7.3 安全技术防范系统

7.3.2 考虑到各居住区建筑建设投资不一致,表7.3.2只规定了居住区安全技术防范系统最基本的配置。目前,全国很多地区的居住区安全技术防范系统的建设已经超过了本标准规定的配置。建议有条件的地区或开发商,在建设或改建居住区时,宜在居住区公共区域设置视频安防监控系统。

7.3.3 集成式安全防范系统的入侵报警系统应能与安全防范系统的安全管理系统联网,实现安全管理系统对入侵报警系统的自动化管理与控制。组合式安全防范系统的入侵报警系统应能与安全防范系统的安全管理系统连接,实现安全管理系统对入侵报警系统的联动管理与控制。分散式安全防范系统的入侵报警系统应能向管理部门提供决策所需的主要信息。

7.3.4 公共区域安全防范系统

1 电子巡查管理系统包括在线式和离线式;工作状态包括是否准时、是否遵守顺序等。

2 视频安防监控系统与报警系统联动时,能自动对报警现场进行图像复核,能将现场图像自动切换到指定的监示器上显示并自动录像。集成式安全防范系统的视频安防监控系统应能与安全防范系统的安全管理系统联网,实现安全管理系统对视频安防监控系统的自动化管理与控制。组合式安全防范系统的视频安防监控系统应能与安全防范系统的安全管理系统连接,实现安全管理系统对视频安防监控系统的联动管理与控制。分散式安全防范系统的视频安防监控系统应能向管理部门提供决策所需的主要信息。

3 停车场管理系统宜对长期住户车辆和临时访客车辆有不同的管理模式,保障居住区高峰期进出口处车辆不堵塞。

4 集成式安全防范系统的出入口控制系统应能与安全防范系统的安全管理系统联网,实现安全管理系统对出入口控制系统的自动化管理与控制。组合式安全防范系统的出入口控制系统应能与安全防范系统的安全管理系统连接,实现安全管理系统对出入口控制系统的联动管理与控制。分散式安全防范系统的出入口控制系统应能向管理部门提供决策所需的主要信息。

7.3.5 家居安全防范系统

1 来访者可通过楼下单元门前的主机方便地呼叫住户并与其对话,住户在户内控制单元门的启闭,小区的主机则可以随时接收住户报警信号并传给值班室并通知小区保卫人员。系统不仅增强了高层住宅安全保卫工作,而且大大方便了住户,减少了许多不必要的上下楼麻烦。

室内分机有多种类型,最基本的是双向对讲、开门锁。目前,很多新建住宅建筑已经安装了彩色可视对讲分机,有的已经安装了家庭控制器。建议投资商根据居民需求及技术发展,合理选择室内分机类型。

2 紧急求助报警装置宜安装在起居室(厅)、主卧室或书房。

7.3.6 居住区安防监控中心自身的安防设施除考虑必要的物防、技防,还应考虑人防。

7.4 应急联动系统

7.4.1 应急联动系统是目前在大中城市和大型公共建筑建设中

需建立的项目,本条列举了较完整功能的系统配置。设计者宜根据工程项目的建筑类别、建设规模、使用性质及管理要求等实际情况,确定选择配置相关的功能及相应的系统,并且能满足使用的需要。

8 智能化集成系统

8.1 一般规定

8.1.1 智能化集成系统指以搭建组织机构内的信息化管理支持平台为目的,利用综合布线技术、楼宇自控技术、通信技术、网络互联技术、多媒体应用技术、安全防范技术、网络安全技术等将相关硬件、软件进行集成设计、安装调试、界面定制开发和应用支持。

8.1.2 建筑智能化集成系统,主要根据下面的指标进行设计:

1 先进性——使用先进的产品;

2 开放性——对不同系统和产品采用标准化的接口和协议;

3 安全性——采用可靠性和容错性高的系统,并防止非法用户的访问、病毒的侵犯等;

4 经济性——根据建筑使用用途的需求,考虑其投资成本,提供性价比高的方案;

5 实用性——按运营和管理模式,提供实用、可行的系统集成技术方案,并合理配置硬件和软件设备;

6 可管理性——集成系统根据网络管理协议,对网络的配置及运行进行适时的监控与管理;

7 高效率性——系统应响应快、控制能力强。

8.2 集成平台

8.2.1 将整个建筑的各自独立分离的设备、功能和信息集成在一个相互关联、完整和协调的综合平台上,实现系统信息的共享和合理分配,同时集中管理、监控各子系统及实现各子系统之间的联动,并以一个简易友好的用户操作界面提供全面服务。

8.3 集成接口

8.3.3 系统的整体设计要为未来发展预留接口(提供相应的应用数据接口、协议和连接方式),建设开放的系统结构,采用符合相关标准的数据通信协议和接口,便于未来的扩展和升级。

9 机房工程

9.1 一般规定

9.1.1 机房是指住宅建筑内为各弱电系统主机设备、计算机、通信设备、控制设备、综合布线系统设备及其相关的配套设施提供安装设备、系统正常运行的建筑空间。根据机房所处行业/领域的重要性、经济性等，《电子信息系统机房设计规范》GB 50174 将机房从高到低划分为 A、B、C 三级。

9.1.3 由于电子信息业发展很快，新技术、新系统、新设备不断涌现，建筑智能化系统的内容在不断增加，故设计中弱电与建筑设计人员应配合密切，为弱电各系统设备留有足够的空间以满足运行需要。应尽可能地预见其发展的可能性并预留出适度的机房冗余面积，使系统在扩容、更新和增加部分新系统时不致受到建筑条件的约束。监控中心、网络机房、电话机房等较大机房的一侧宜留有可扩展变为机房的空间。

9.1.6～9.1.8 机房工程设计应满足消防、安防、空调、供电、防雷接地及设备安装工艺等方面的技术要求。

弱电间及电信间为安装配线设备和线缆引入的场地，本标准按上述通信设施提出工艺要求，在弱电间与电信间如果需安装计算机网络交换机、接入网局端及无线通信等设备，其安装工艺要求应符合相应规范。

9.2 控制室

9.2.1 居住区的控制室采用合建方式是为了便于管理和减少运

营费用。

9.3 弱电间及弱电竖井

9.3.1 弱电间又称弱电竖井、弱电小室等，是指敷设安装楼层弱电系统管线(槽)、接地线、设备等占用的建筑空间。弱电间在过去多不被重视，随着信息技术的发展，弱电布线种类与数量愈来愈多，加之综合布线和网络设备等需要安装于一个小房间内，如综合布线配线柜、集线器、数据交换机和弱电各系统的设备箱、接线箱，并须留有适当的安装、维护操作空间，故应保证必要的工作面积。在国标 GB 50314 中，弱电间面积定为楼层面积的 0.5% ~1% ，具体面积以实际需要为准。弱电间位置应考虑到布线和网络的要求，置于建筑平面的适当位置，而且应上下层对正，以便于线槽布线，建成后再增加新系统线路时亦不至于影响其他部位的吊顶等装修。

10 电源、防雷与接地

10.2 智能化系统电源

10.2.4 特别重要负荷的不间断电源（UPS）宜采用多机组成$N+1$或多模块组成$N+1$的安全模式，同时系统故障时可以实现在线维修维护（零断电或者不必将系统转到维护旁路模式下进行的维护）。

10.2.5 UPS电源按照《建筑电气工程施工质量验收规范》GB 50303进行设置。

10.3 智能化系统防雷与接地

10.3.2 保护性接地包括防雷接地、防电击接地、防静电接地、屏蔽接地等；功能性接地包括交流工作接地、直流工作接地、信号接地等。

关于信号接地的电阻值，IEC有关标准及等同或等效采用IEC标准的国家标准均未规定具体要求，只要实现了高频条件下的低阻抗接地（不一定是接大地）和等电位连接即可。当与其他接地系统联合接地时，按其他接地系统接地电阻的最小值确定。